# 收縮襯 精品手作包

Handmade
with Shrinking Sheet

飛天出版社

# 作　者　序

　　現代生活中充斥著各式各樣的商品，想要擁有具有個人品味的質感小物，在這講求效率與大量生產的消費市場中實在難以尋得；手作之所以迷人主要在於它的獨特性與充滿在作品中的溫暖感覺，這是一般商品所無法取代的。

　　在忙碌的生活中偷得午後的悠閒時光，為自己煮一杯咖啡，聆聽著動人的音樂，將自己投入創作時光中；當創作出屬於自己的作品時，那份滿足與喜悅相信也只有手作者可以領略。

　　在手作的世界裡我的心靈漸漸的得到滿足，希望您也能進入手作的世界，讓我們一起用手作來記錄心情的點滴，寫下生活的日記；更希望藉由手作展開夢想的翅膀起飛，飛向不知名的國度，展開一次又一次充滿無限驚喜的旅程。

在諸多老師的創作陸續出版之際，個人由衷的佩服與感動，因為有您們的努力，手作的領域才得以日漸茁壯；在這些作品中我看到了許多令人佩服的巧思之外，對於手作夢想的堅持與努力才是真正令人感動之處。在延續這一股創作熱情與同好的支持下才有今天的作品，希望在此能與同好們分享我的努力；個人懷著愉悅分享的心情由衷邀請您一同進入創作世界，讓我們輕拍夢想的翅膀，一同飛向美麗的手作樂園。

最後，要感謝一路相挺的夥伴們，特別是辛苦的製作團隊－寶蘭、美滿、淑芬、阿好、玉如、小怡及懿臻，因為有妳們的支持，今天才有這些作品可以與大家分享；雖然創作過程中面臨了許多的挫折，但今天的成果卻非常的甜美，再次感謝大家，相信未來在手創的路途中會遇到更多的朋友，加入我們手作的行列。

洪美月

# 目 錄
## Contents

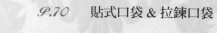

# 精品手作包

Handmade Bags With Shrinking Sheet

用規律的圖形就能製作出繁複的磚紋效果，金屬提把的俐落質感在粉嫩之中增加了一抹個性，像是穿著蓬蓬裙的美麗女孩，簡簡單單就是甜美。

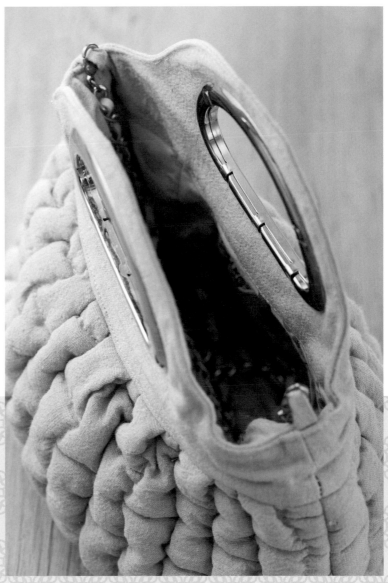

**創意重點**

兩側小小的吊耳設計，
讓提把能自由搭配長、
短鍊，變身成肩背或斜
背包，更加實用。

作法：P.50 · 紙型 C 面

創 意 重 點

順應布料花色本身的直
條紋，選用了波浪曲線
去展示縮燙的效果，繁
複華美的精緻感，令人
目不轉睛。

作法：**P.52** · 紙型 **D** 面

# of Bag 2
# 巴黎女郎肩背包

充滿蓬鬆感的布面讓花樣更為立體，袋底兩側挺直
的貼片讓袋身塑形挺直，呈現一幕貴婦淑女輕提裙
襬，即將步入舞會現場，震懾全場的自信畫面。

of Bag 3
# 蝶舞肩背包

袋口漸收的形體優雅內斂，活褶局部裝飾
讓平面多了玩心，高度降低的拉鍊袋口，
讓兩端提把擁有方便活動的空間。

作法：**P.57** · 紙型 **D** 面

創意重點

自由車線的千變萬化，是表現收縮襯特性的極佳選擇，即便是單獨使用一塊布料，還是可以創造出豐富的外觀設計。

作法：**P.54**・ 紙型 **C**、**D** 面

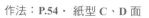

## Bag 4
# 圓把提包

以圓形提把為發想點，袋口便擁有了一個完整的圓
做為特色。兩側花瓣般的波浪抓皺，是善用雞眼釦
與活動圓形環組合而成。

*Bag 5*
# 拼接蕾絲包

即便是使用零星的布片，只要好好分類相
同色階的布料，也能協調組合出美麗實用
的中、人型包款。

*Tote Bag*

創意重點

使用人字帶一口氣滿足
了包邊及提把兩種需
求，輕鬆車縫即可完
成。

作法：**P.56** · 紙型 **B** 面

創意重點

山形曲線的壓線方式，
引導著袋面蓬鬆的走
向，特殊的韻律感巧妙
呈現出低調的優美。

作法：**P.97** · 紙型 **A** 面

# ✂ *Bag 6*
# 紫戀長型提包

女性化的小巧造型，深度較淺的長型
袋身，適合只想帶少少物品出門時，
輕便好取物的優點，既優雅又俐落。

of Bag 7
# 自在悠遊購物袋

以托特包做為包形的基本設定，寬敞的大袋口好收納好拿取，前方設計對稱的立體口袋讓置物的容納性提升，分類置物更方便。

創意重點

袋身後片的一字型口
袋與前口袋呼應，採
用了自由車線縮燙布
片做為袋蓋，局部的
畫龍點睛，讓袋身的
裝飾變化更有趣。

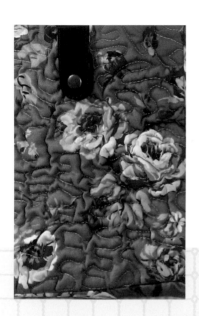

作法：**P.83** · 紙型 **C** 面

作法：**P.84** · 紙型 **B、C 面**

## 創意重點

利用雞眼釦製作提把
孔及側身裝飾孔，可
以自由更換提把或是
改變裝飾，盡情展現
個人風格。

## Bag 8
# 美金側背包

簡單大方的扇形袋身充滿休閒感,搭
配上直橫線交錯的豐富壓線變化,讓
袋身的細節更加值得細細欣賞。

# 方格提包 & 口金包

讓妳隨時能優雅出門的經典手提包樣
式,不敗的格紋壓線融合了縮燙後的
鋪棉效果,精緻的蓬鬆度讓手作包更
有特色。

作法：P.74、75．紙型：提包 B 面、口金包 D 面

創意重點

側身的配色扣帶，與前、後片的貼邊相互呼應，甜甜的粉紅色讓包包顯得甜美可愛。

作法： **P.90** · 紙型 **C** 面

## Bag 10
# 水藍條紋休閒包

正面四線一組的壓線，能夠創造出直紋
的蓬鬆花樣；從側面來看，縮皺與未縮
皺之間的對比，視覺效果非常有趣。

# Bag 11
# 綠野嬌嬌包

波浪壓線是整體袋身的主角，以
不同針距的寬窄變化切割區分，
包含袋口扣帶在內，每一個細節
都值得細細品味。

Page *26*

*Shoulder Bag*

創意重點
側身大口袋便於收納
需隨手使用的小物
件，適當的打摺設
計讓袋身寬度更加立
體。

作法：P79．紙型 B、C面

作法：**P.103** · 紙型 **A** 面

# A Bag 12
# 優雅書袋

讓花布更加繁複、讓素布更加雅致的兩種壓線襯托，袋身維持簡單不使用縮燙襯，袋蓋則相反，讓布面的剪影花卉全都盛開。

*Book Bag*

Bag 13

# 肩背後背兩用包

只用襯而無鋪棉的縮燙效果，為局部布片增添了變化性。小物袋、手機袋、雙側口袋等，迎合需求轉換使用，不只是肩背、後背兩用包，更是多功能收納包。

創意重點

偏向一側的直式一字
拉鍊口袋，便於單手
開拉鍊拿取，小巧思
讓使用更加順心。

作法：P.100・紙型 A 面

作法：**P.58**・ 紙型 **D** 面

## Bag 14
# 咖啡點點包

從圓點的布料開始，想像著如何強化它
鮮豔醒目的效果，複雜的車線搭配收縮
率高的收縮襯，突出的圓點像一顆顆的
巧克力，有種俏皮的甜味。

## A Bag 15
# 曼谷風尚包
## & 風尚小包

大包是與水藍條紋休閒包有異曲同工之
妙的封閉式袋型,款式大方且收納量大
,小包筒形的圓鼓鼓形狀則十分討喜,
帶著絲光的布料在收縮之後,光澤變得
更耀眼。

作法：**P.94、96**・**紙型 B 面**

創意重點

長夾內的間隔分層，
讓卡片、證件或發票
都有足夠空間可放
置。

創意重點

若希望增加大包的收
納性，可以自行設計
一個跟內部等寬的內
袋來輔助使用。

作法：**P.98、86**・紙型：大包 **A** 面、長夾 **C** 面

of *Bag 16*
# 豹紋大包 & 長夾

大大的袋身經由鋪棉的運用就能擁有平
整的外表，鑲邊的拼接方式，做為交界
的裝飾，有著畫框般的凸顯作用，讓豹
紋感覺更狂野。

## Bag 17
# 蝴蝶空氣包

縮燙使素色包也能展現多變的風情，在山形線條的無限起伏中，獨一無二的紋路皆清楚浮現，中心布料的特效為袋身施了魔法，跳脫單一的畫面。

 創 意 重 點

山形壓線的效果有著
一種特殊的韻律，像
水波一樣溫柔擴散，
十分美麗。

 作法：P62‧紙型 B 面

# 都會淑女包

內斂低調的袋蓋式包款，很適合與正式場合的服裝搭配，小格菱紋線條的縮皺，既精緻又平衡，盡顯都會女性的優雅風範。

作法：P.60．紙型A面

## 創意重點

前片袋身的弧形袋口，有著穩定袋內物品的作用，對於會因為無拉鍊而沒安全感的人來說，是一個貼心的設計。

## ✐ Bag 19
# 黑格銀鍊包

雙針斜紋壓線的肩背包款式，華麗的銀
色印花與銀鍊是默契十足的搭配，復古
典雅的整體美感，令人想細細欣賞。

作法：**P.76**・紙型 **D** 面

創意重點

透過雞眼釦的配置，
讓鍊條的裝設十分簡
易，搭配不同的服
裝，自由更換長短鍊
條。

## of Bag 20
# 仕女蕾絲包

典雅的蕾絲剪影布，化成美麗微笑的
弧形前口袋，兩層蕾絲的複合裝飾，
讓袋身充滿女性化的柔美。

作法：P.88 · 紙型 A 面

創 意 重 點

平口的袋口是收納資
料或筆電最方便的設
計，由頭到尾完整的
拉鍊，安心保護內容
物。

作法：**P.66**· 紙型 **D** 面

# of Bag 21
## 格紋公事包

雙針壓線的無鋪棉縮燙方式，微皺的紋理讓
布面的細節增加，整體質感更有份量。

Bag 22

率性水兵包

Saddle Bag

創意重點
底部的多重打褶增加
了寬度，也減少了深
度，讓實際找物、取
物更加方便。

帥氣的迷彩花紋布料，任意揮灑的精細自由車縫，
讓色塊擁有立體度，體驗抽象的趣味視覺遊戲。

作法：P.92・紙型 C 面

# 玫瑰口金包

復古的玫瑰花布樣式雋永，
反折式的袋蓋設計多了一點
玩心，更成為袋身表面低調
且溫柔的一道微笑裝飾。

創意重點

可換為長鍊，勾住口
金原有的圓孔，攤開
整體袋身來使用，容
量瞬間變大。

作法：P.64・紙型 C 面

# 作法示範
How to make

# 粉紅磚紋手提包 *Hand Bag*

**材　料：**

- 表布、薄棉、30% 收縮襯　依紙型尺寸粗裁
- 表布、厚布襯　　　　　依紙型外加縫份後裁剪
- 裡布、厚布襯　　　　　依紙型外加縫份後裁剪
- 提把五金　　　　　　　1 組

**裁　布：**※ 請參照紙型於布料背面熨燙對應的布襯　※ 裁布所載尺寸及紙型皆需外加縫份 1cm

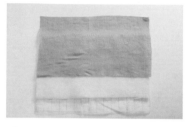

*1*　收縮襯正面畫上壓線記號，重疊粗裁的表布＋棉＋收縮襯。

*2*　壓線。

*3*　縮燙。

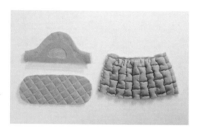

*4*　依紙型裁剪縮燙布：表袋身布 2 片、表底布 1 片；依紙型裁剪表布：提把 4 片（塑膠板 2 片）、布耳 2 片。

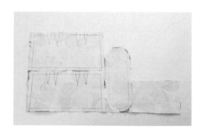

*5*　裁剪裡袋身布 2 片、裡底布 1 片、內口袋布（尺寸自訂）。

## *How to make*

*1*　取 2 片提把布正面相對車縫弧線處。

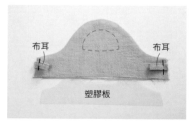

*2*　翻回正面，兩側縫上布耳，畫上提把孔記號，塞入塑膠板。

布耳　布耳
塑膠板

*3*　車縫提把孔，將塑膠板固定。（注意勿車到塑膠板）

*4* 袋身表、裡布按紙型記號打褶。

*5* 前表布、前裡布各別與提把布正面相對車縫一道，共製作兩組。

*6* 攤開兩組表裡布，正面相對車縫兩側。

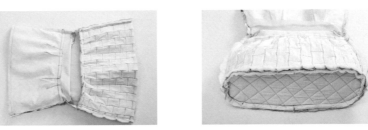

*7* 表底布與表袋身正面相對接合。

*8* 裡底布與裡袋身正面相對接合，留一段返口。

*9* 備好提把五金，剪去記號線內的布塊，形成提把孔。

*10* 扣上提把五金。

*11* 從裡袋返口翻回正面，縫合返口，完成。

# 巴黎女郎肩背包 *Tote Bag*

**材 料：**

- 表布、薄棉、30% 收縮襯　依紙型尺寸粗裁
- 配色素布、厚布襯　　　依紙型裁剪
- 裡布、厚布襯　　　　　依紙型裁剪
- 夾層拉鍊　　　　　　　30cm
- 提把　　　　　　　　　1 組
- 皮扣　　　　　　　　　1 組

**裁　布：** ※ 請參照紙型於布料背面熨燙對應的布襯　※ 裁布所載尺寸及紙型皆需外加縫份 1cm

*1*　收縮襯正面畫上壓線記號，重疊粗裁的表布＋棉＋收縮襯。壓線。

*2*　縮燙。

*3*　依紙型裁剪縮燙布：表布 2 片；
依紙型裁剪配色素布：表底布
1 片、內貼邊 2 片、外貼布 2 片。

*4*　依紙型裁剪裡布：裡袋身 2 片、
夾層口袋布 2 片。

## *How to make*

*1*　針目加大，疏縫弧邊，拉縮兩
端線頭，讓弧度縫份內摺。

*2*　接合 2 片表布短邊成環狀。

*3*　接縫處車上外貼布。

*4* 表袋身與表底布正面相對車
縫。

*5* 接合裡布與
內貼邊。

*6* 製作夾層拉鍊內袋：口袋裡布
正面與拉鍊反面相對，兩端車
縫，攤開。口袋表布則內摺兩端縫
份，以水溶性膠帶貼於拉鍊正面，
車縫固定。

*7* 固定夾層口袋兩側。

*8* 將夾層口袋固定在裡布正面，將裡布接合成環狀。

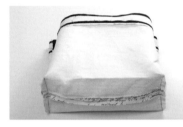

*9* 裡袋留返口車縫底部，並車縫
底角。（※ 若要正確車 8cm
底角，前後片背面皆畫 4×4cm 正
方形記號，方便對齊線車縫。）

*10* 裡袋套入表袋正面相對，車
縫袋口一圈。（翻面前須修
整袋口的棉花，並以捲針縫固定其
他三邊的縫份。）

*11* 由返口翻回正面，於裡袋口正面壓線一圈，調整袋型。

*12* 縫上提把，即完成。

# 圓把提包 *Granny Bag*

**材　料：**

- 表布、30% 收縮襯　　依紙型尺寸粗裁
- 配色素布、厚布襯　　依紙型裁剪
- 裡布、厚布襯　　依紙型裁剪
- 活動式圓形環　　　　　　　　　4 個　　・口布拉鍊　　　　　25cm
- 雞眼釦　　　　17cm　　16 組　　・圓形提把　　　直徑 15cm　　1 組

**裁　布：**※ 請參照紙型於布料背面熨燙對應的布襯　　※ 裁布所載尺寸及紙型皆需外加縫份 1cm

*1*　收縮襯正面畫壓線記號，重疊粗裁的表布＋棉＋收縮襯，由收縮襯正面壓線，由布面縮燙。

*2*　依紙型裁剪縮燙布：表袋布 2 片；依紙型裁剪配色素布：表底布 1 片；依尺寸裁剪配色素布：拉鍊口布＋襯 6×18cm 2 片 ( 再各別對裁使用 )。

*3*　依紙型裁剪裡布：裡袋布 2 片；依紙型裁剪配色素布：內貼邊 2 片。

## *How to make*

*1*　內貼邊及表袋布正面相對，車縫弧邊。

*2*　攤開在內貼邊正面壓臨邊線，弧邊縫份剪牙口。

剪牙口

*3*　內貼邊及表袋布之交界，縫份一段左右剪牙口內摺固定。（※ 小技巧：剪牙口能讓內摺的縫份更平整。）

*4*　放入圓形提把，車縫固定。

*5*　內貼邊及表袋布的袋口直邊，正面相對車縫。

*6* 表袋布下方按紙型記號打褶。
（一字拉鍊作法同 p.71）

*7* 接合攤開的兩側邊。

*8* 完成表袋身備用。

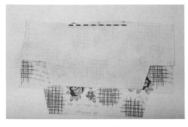

*9* 裡袋布分別與拉鍊口布接合。

*10* 正面相對車縫兩側邊。

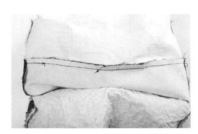

*11* 內貼邊與裡袋身正面相對車
縫一圈。

*12* 車縫裡袋身底角，底部留一
段返口。

*13* 表袋身與表底布正面相對車
縫。

*14* 返口翻回正面，縫合返口。

*15* 表 布 正 面
按 紙 型 記
號釘上雞眼釦，
扣上活動式圓形
環。

*16* 完成。

# 拼接蕾絲包 *Tote Bag*

**材 料：**

· 表布、薄棉、15% 收縮襯　　依紙型尺寸粗裁 數片
· 表布滾邊　　　　　　　　20 cm×4cm　　2 條
· 裡布、厚布襯　　　　　　依紙型裁剪
· 織帶　　　　　　　　　　90cm　　　　　1 條
· 寬 1cm 蕾絲或寬 1.5cm 蕾絲 308cm　　　 1 條
· 寬 2cm 蕾絲或寬 4cm 布條　　6cm　　　　　　　1 條

**裁 布：** ※ 請參照紙型於布料背面熨燙對應的布襯　 ※ 裁布所載尺寸及紙型皆需外加縫份 1cm

*1* 各片表布＋棉＋收縮襯，壓線
後縮燙，依紙型裁剪為製作尺
寸。拼接表布。

*2* 裁剪裡布 1 片。

## How to make

*1* 接合處車縫蕾絲裝飾。

*2* 車縫裡袋身底角。（表袋身作
法相同）

*3* 裡袋身套入表袋身背面相對，
車縫袋口一圈。

*4* 袋口中央凹口滾邊。

*5* 織帶對折包住袋口車縫一圈做
為提把。

*6* 頭尾相接處以寬版蕾絲或布條
包住修飾。

*7* 完成。

# 蝶舞肩背包 *Shoulder Bag*

**材 料：**

- 表布、30% 收縮襯　　依紙型尺寸粗裁
- 配色布、厚布襯　　　依紙型裁剪
- 裡布、厚布襯　　　　依紙型裁剪
- 裝飾釦　　　　　　　1 顆

- 雞眼釦　　34mm　　2 組
- 拉鍊　　　30cm　　1 條
- 提把　　　　　　　1 組

**裁　布：**※ 請參照紙型於布料背面熨燙對應的布襯　※ 裁布所載尺寸及紙型皆需外加縫份 1cm

*1* 收縮襯正面畫壓線記號，重
疊粗裁的表布 + 收縮襯，由
收縮襯正面壓線，由布面縮燙。

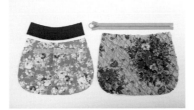

*2* 依紙型裁剪縮燙布：表袋布 2
片；依紙型裁剪裡布：裡袋
布 2 片；依紙型裁剪配色素布：
貼邊 2 片。

*3* 依紙型裁剪配色素布：表側身
2 片、表底布 1 片、側貼邊 2 片；
依紙型裁剪裡布：裡側身 1 片。

## *How to make*

*1* 按紙型記號，中央打褶。

*2* 表側身及表底布拼接成一長
條，與表袋身正面相對接合。

*3* 完成表袋身備用。

*4* 貼邊與裡袋布正面相對夾車拉
鍊，攤開於貼邊正面壓臨邊
線。

*5* 裡袋身與裡側身組合，作法同
表袋身，但裡袋底需留返口。

*6* 裡袋身套入表袋身，正面相
對，袋口車縫一圈。

*7* 翻回正面。

*8* 袋口壓裝飾線一圈。

*9* 側身袋口處，
打雞眼，勾上
提把，完成。（也
可以布耳替代）

# 咖啡點點包 *Shoulder Bag*

**材 料：**

- 表布、棉、30% 收縮襯 　　大於紙型尺寸粗裁
- 配色布、棉、30% 收縮襯 　大於紙型尺寸粗裁
- 配色布、厚布襯 　　　　　依紙型裁剪
- 裡布、厚布襯 　　　　　　依紙型裁剪
- 口型環 　　　　　　　　　　　　　　2 個
- 織帶 　　　　　　6cm　　　　2 條　・扣帶　自訂　1 條
- 拉鍊 　　　　　　31cm　　　 1 條　・提把　自訂　1 條

**裁 布：**※ 請參照紙型於布料背面熨燙對應的布襯　※ 裁布所載尺寸及紙型皆需外加縫份 1cm

*1* 粗裁的收縮襯正面畫壓線記號，重疊粗裁的表布＋棉＋收縮襯，由收縮襯正面壓線完成。

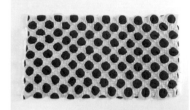

*2* 由布面縮燙。

*3* 依紙型裁剪原點縮燙布：表前袋 1 片、表後片 1 片；依紙型裁剪配色縮燙布：表袋蓋 1 片；依紙型裁剪配色布：表前片 1 片、底 1 片、裡袋蓋 1 片、內貼邊 2 片。依紙型裁剪裡布：裡前袋 1 片、裡袋布 2 片。

## How to make

*1* 表前片之上半部菱格壓線裝飾。

*2* 裡前袋（已車縫內貼邊）與表前袋正面相對車合，攤開，內貼邊壓臨邊線。

*3* 前口袋固定在表前片上。

*4* 製作袋蓋：表、裡正面相對車U 型。

*5* 翻回正面，依紙型記號車縫釦帶。

*6* 袋蓋固定於表前片。

*7* 車合裡布及內貼邊，完成裡袋
2片。

*8* 裡袋口車拉鍊。

*9* 與表前片、表後片車合。

*10* 表布及裡布各別正面相對，
車縫兩側固定。

*11* 拉鍊兩端塞入吊環織帶，車縫。正反面如圖。

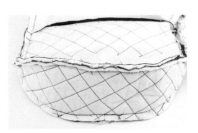

*12* 表袋車合表底。

*13* 裡袋車合底部留一段返口，
並打底角。

*14* 袋身翻回正面。

*15* 勾上提把，完成。

# 都會淑女包 *Vintage Bag*

**材　料：**

| | | |
|---|---|---|
| · 素表布、鋪綿、15% 收縮襯 | 大於依紙型尺寸粗裁 | |
| · 配色布、鋪棉、15% 收縮襯、厚布襯 | 大於依紙型尺寸粗裁 | |
| · 裡布、厚布襯 | 依紙型裁剪 | |
| · 包繩布、腊繩 | 55cm | 各 1 條 |
| · D 型環 | 直邊 2cm | 2 個 |
| · 拉鍊 | 25cm | 1 條 |
| · 提把 | | 1 組 |
| · 插扣 | | 1 組 |

**裁　布：**※ 請參照紙型於布料背面熨燙對應的布襯　※ 裁布所載尺寸及紙型皆需外加縫份 1cm

*1* 粗裁的收縮襯正面畫壓線記號，重疊粗裁的素表布＋鋪棉＋收縮襯，由收縮襯正面壓線，由布料正面完成縮燙。（配色布之縮燙做法相同）

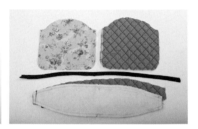

*2* 依紙型裁剪縮燙素表布：表前片 1 片、表後布 1 片、表底布 1 片；依紙型裁剪素表布：布耳 2×3cm 2 片；依紙型裁剪縮燙配色布：表袋蓋 1 片；依紙型裁剪配色布：裡袋蓋 1 片；依紙型裁剪裡布：裡前片 1 片、裡後片 1 片、口袋下片 1 片、口袋上片 1 片、裡底布 1 片。

## *How to make*

*1* 車合表、裡前片上端。

*2* 翻回正面，裡前片壓臨邊線。

*3* 表底兩側車包繩，表、裡底布正面相對，兩短端夾布耳（穿 D 型環）車合。

*4* 表袋蓋及口袋上片正面相對夾車拉鍊上端，表袋蓋翻回正面；表後片與口袋下片正面相對夾車拉鍊下端，翻回正面。再將表、裡後片疏縫固定。

*5* 完成袋身後片的拉鍊口袋。

*6* 已車合好的裡袋蓋及裡後片與作法 5 正面相對，車縫上端。

*7* 表、裡底布與作法 6 車合。

*8* 取作法 2 的前片表裡布與作法 7 車合，裡布底留一道返口。

*9* 翻回正面。

*10* 釘或縫上插釦組。

*11* 完成。

# 蝴蝶空氣包 *Shoulder Bag*

材　料：

- 表布、30% 收縮襯、厚布襯　　依紙型尺寸粗裁
- 裡布、厚布襯　　　　　　　　依紙型裁剪
- 現成提把　　　　　　　　　　1 組（或以 50cm 織帶 2 條來代替）

裁　布：※ 請參照紙型於布料背面熨燙對應的布襯　※ 裁布所載尺寸及紙型皆需外加縫份 1cm

*1* 收縮襯正面畫壓線記號，重疊粗裁的表布＋收縮襯，由收縮襯正面壓線。

*2* 由布料正面完成縮燙。

*3* 依紙型裁剪縮燙布：表袋 2 片、表側邊 2 片；依紙型裁剪表布：表底布 1 片、提把連接布 8 片。

*4* 依紙型裁剪裡布：裡袋布 2 片、裡側邊 2 片、裡底布 1 片

## How to make

*1* 提把連接布兩兩一組，正面相對夾車織帶三邊，翻回正面並壓線。

*2* 表側邊與表底車合。

*3* 表側邊與表袋身車合。（裡袋作法相同，但底部需留一段返口。）

*4* 完成表袋身組合。

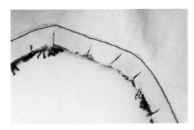

*5* 袋口四端打褶固定。

*6* 表袋套入裡袋。

*7* 車縫袋口一圈

*8* 凹處剪牙口。

*9* 翻回正面。

*10* 以提把連接布套住袋身上端，藏針縫固定，再壓線裝飾。

*11* 完成。

# 玫瑰口金包 *Clutch Bag*

**材　料：**

- 表布、30% 收縮襯　　　依紙型尺寸粗裁
- 配色素布、厚布襯　　　依紙型裁剪
- 裡布、厚布襯　　　　　依紙型裁剪
- 圓形環　　　　3.2cm　　　2 個
- 雞眼釦　　　　21cm　　　2 組
- 拉鍊　　　　　18cm　　　1 條
- 口金　　　　　25cm　　　1 個
- 提把　　　　　　　　　　1 組

**製作縮燙表布：**

*1* 有鋪棉收縮襯：正面畫壓線記號，重疊表布＋綿＋收縮襯，由中央向外車縫。

*2* 菱格壓線正面如圖，由布料正面進行縮燙。

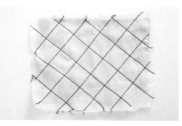

無鋪棉收縮襯：正面畫壓線記號，重疊表布＋收縮襯，菱格壓線。

無鋪棉自由曲線：收縮襯正面畫壓線記號，重疊表布＋收縮襯，自由車縫後完成縮燙。

**裁　布：**※ 請參照紙型於布料背面熨燙對應的布襯　※ 裁布所載尺寸及紙型皆需外加縫份 1cm

依紙型裁剪縮燙表布：表袋 2 片；依紙型裁剪配色素布：內貼邊 2 片、表底布 1 片；依紙型裁剪裡布：裡袋 2 片。

## 製作袋身

*1* 表袋正面相對，車縫兩側。

*2* 製作包繩。

*3* 內貼邊與裡袋布車合，共2組。裡袋正面相對，車縫兩側。

*4* 表袋身底部車縫包繩。

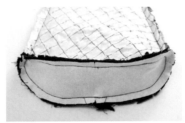

*5* 表袋身與表袋底正面相對，車合。翻回正面，底部車縫完成。

*6* 內貼邊與表袋正面相對，各別車合。

返口

*7* 裡袋底車合留一段返口。

*8* 裡袋兩側打底角。

*9* 翻回正面，縫合返口。

*10* 袋口塞入口金內，手縫固定。

*11* 依紙型記號在袋身兩側打洞釘雞眼，利用圓形環扣上提把，完成。

# 格紋公事包 *Briefcase*

**材　料：**

- 表布、鋪綿、15% 收縮襯　　依紙型尺寸粗裁
- 配色素布、厚布襯　　　　　依紙型裁剪
- 裡布、厚布襯　　　　　　　依紙型裁剪
- 臘繩　　　　　　　110cm　　　　2 條
- 提把　　　　　　　　　　　　　1 組

**裁　布：**※ 請參照紙型於布料背面熨燙對應的布襯　　※ 裁布所載尺寸及紙型皆需外加縫份 1cm

依紙型裁剪縮燙布：表袋布 2 片、表側邊 2 片；依紙型裁剪配色素布：裝飾貼布 4 片、表底 1 片、內貼邊 2 片、側貼邊 2 片、底角布 2 片、包繩布 2 條、裡口布 2 片、表口布 2 片；依紙型剪裁裡布：裡袋布 2 片、裡底 1 片、裡側邊 2 片。

## *How to make*

*1*　表口布、表底先車縫壓線。

*2*　表側邊 + 底角布車合後，車縫上出芽。

*3*　表袋布車上裝飾貼布後，與表底車合。

*4*　將表側邊與表袋布組合好，接上步驟 1 的表口布。

*5*　將裡袋布前後片與裡底組合，於其中一邊的接縫處留一段返口。

*6*　在裡袋上方處疏縫車好拉鍊的口布。

 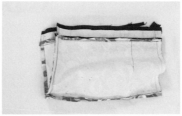 

*7* 將裡袋與內貼邊車縫，再與裡側邊（已車好側貼邊）車合。

*8* 步驟 7 的袋口再與裡口布車合。

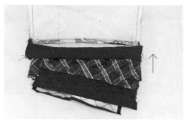  

*9* 將步驟 4 套入步驟 8 正面相對。

*10* 車縫袋口一圈。

*11* 將表袋從裡袋的返口翻出。

*12* 縫合返口，將袋口接合處整燙好。

*13* 釘上或縫上裝飾片與提把，完成。

*14* 縫上提把，完成。

## 斜線

● 15% 燙前

 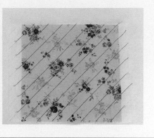

● 15% 燙後

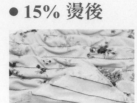 

● 30% 燙前

 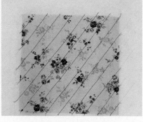

● 30% 燙後

## 菱格

● 15% 燙前

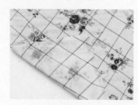 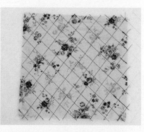

● 15% 燙後

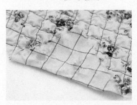 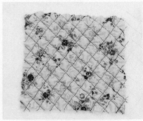

● 30% 燙前

 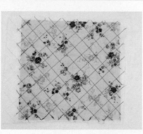

● 30% 燙後

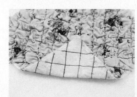 

N o t i c e  **NG**
熨斗溫度過高

# 加鋪棉縮燙

## 斜線

● 15% 燙前

● 15% 燙後

● 30% 燙前

● 30% 燙後

## 菱格

● 15% 燙前
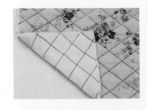 

● 15% 燙後
 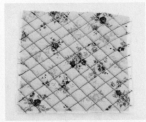

● 30% 燙前
 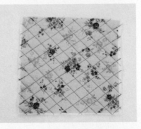

● 30% 燙後

Notice **NG**
熨燙時間不足
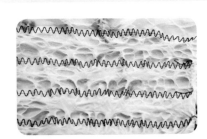 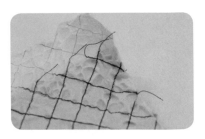

# 口袋製作技巧

## 內裡貼式口袋

*1* 裡布背面燙薄襯，口袋布則背面 1/2 燙薄襯。

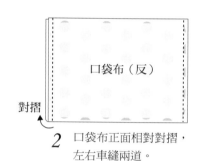

*2* 口袋布正面相對對摺，左右車縫兩道。

對摺

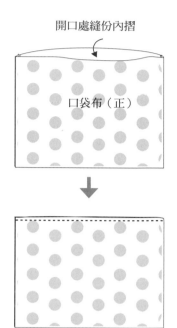

開口處縫份內摺

口袋布（正）

*3* 由開口處翻至正面。將開口處一圈皆內摺，熨燙，車縫一道。

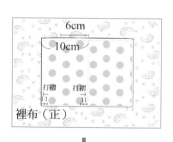

6cm
10cm
打摺　打摺
裡布（正）

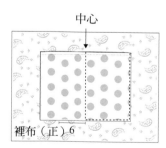

中心

裡布（正）6

*4* 口袋布置於裡布上，中心點對齊車縫，再車縫右半邊 L 字型。

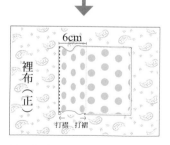

6cm
裡布（正）
打摺　打摺

*5* 左邊手機袋布寬 10cm，於裡布畫 6cm 記號，左邊布邊對齊 6cm 記號，車縫固定，手機袋下方如圖向左右打 1cm 褶子。

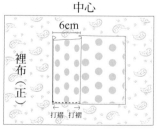

中心
6cm
裡布（正）
打摺　打摺

*6* 手機袋下方車縫固定，完成。

# 一字拉鍊口袋

1 表布和口袋布反面燙薄襯，並於口袋布反面，距上方約 2cm 處，畫好開拉鍊位置（拉鍊長度 × 寬 1cm 的長方型框），並在框內畫上兩側 Y 字型的中心線。

2 將口袋布與表布正面相對，一起車縫長方型框，並將 Y 字型剪開。

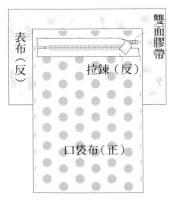

3 將口袋布從剪開的開口處往內翻，熨燙整型。

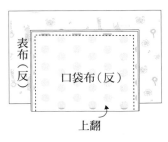

4 翻至表布反面，將拉鍊正面置於開口處，上下兩側以水溶性雙面膠帶固定。

5 翻至表布正面，距開口處四周約 0.1cm 車縫一圈固定。

6 將口袋布往上翻，車縫ㄇ字型，注意不要車縫到表布，完成。

# 一字型假包邊口袋（附蓋子）

20cm

| | |
|---|---|
| 格子布（同表布） | 7 cm |
| 變形蟲布（口袋內裡布） | |
| 格子布（同表布） | 10 cm |

*1* 先製作拼接口袋布，選擇與表布同款的布料，如圖裁剪拼接（已含縫份1cm），可讓口袋的翻開處更精緻。

2.5 cm

口袋布（反）

*2* 於拼接的口袋布反面，距上方2.5cm，如圖畫出1.6×18cm的長方格，並畫上Y字型。

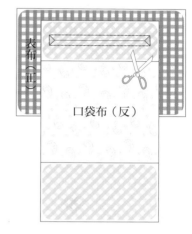

表布（正）

口袋布（反）

*3* 將口袋布置於表布，正面相對，如圖連同表布一起車縫長方格，並依Y字型剪開。

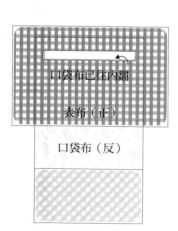

口袋布已往內翻

表布（正）

口袋布（反）

*4* 將口袋布從開口處往內翻，口袋布與表布變成反面相對。

0.8cm
0.8cm
口袋布上下內摺

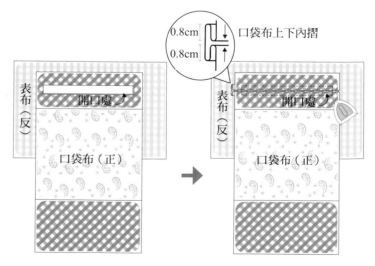

表布（反） 開口處 口袋布（正）

表布（反） 開口處 口袋布（正）

*5* 翻至表布反面，將口袋布往開口處上下分別摺燙0.8cm，成為假包邊。

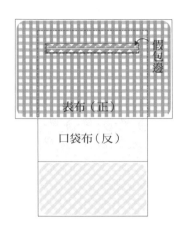

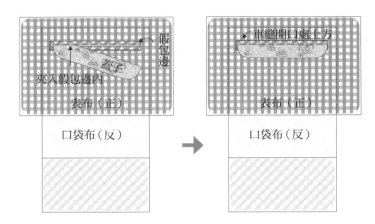

*6* 翻至表布正面，可由開口處
看到假包邊，沿開口車縫ㄩ
字型固定兩側及下方的假包
邊。

*7* 將製作好的蓋子夾入上方的假包邊，夾好蓋子後，車縫開
口處長方格的上方一橫線，同時固定上方假包邊和蓋子。

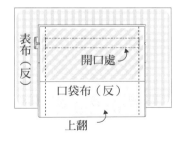

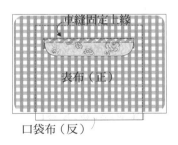

*8* 翻至表布反面，將口袋布往上
對摺，沿開口處的兩側車縫兩
道，注意不要車縫到表布。

*9* 翻回正面，於開口處上方，再車
縫一次橫線，固定口袋布上緣，
完成。

# 方格提包 *Boston Bag*

**材　料：**

- 表布、棉、30% 收縮襯　　85cm×70cm
- 表布滾邊　　　　　　　　110cm
- 裡布、厚布襯　　　　　　各 1.2 尺
- 裡布滾邊　　　　　　　　110cm
- 拉鍊　　　　　　30cm　　　1 條
- 腊繩　　　　　　104cm　　　1 條　　　・提把　1 組

**裁　布：** ※ 裁布所載尺寸及紙型皆需外加縫份 1cm　※ 請參照紙型於布料背面熨燙對應的布襯

*1*　先在收縮襯畫 45 度角 3×3cm 菱格線。

*2*　表布＋棉＋收縮襯疏縫固定，再一起壓車菱格線，用熨斗整燙完成收縮布約 65×50cm。

*3*　裁剪收縮布片：用紙型排列剪下表袋身 30×50cm1 片、表側邊 2 片備用。

*4*　裁剪裡布：裡袋布、襯 30×50cm 各 1 片、裡側邊 2 片，內口袋設計自訂。

## *How to make*

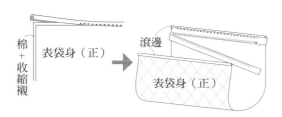

*1*　表袋身上、下車 4cm 斜布條滾邊，內側縫上 30cm 拉鍊。

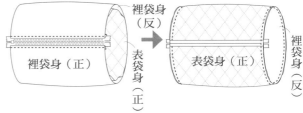

*2*　裡袋身兩短邊縫份內摺與表袋身背面相對，車縫固定於拉鍊背面，翻回正面車縫左右各一圈固定。

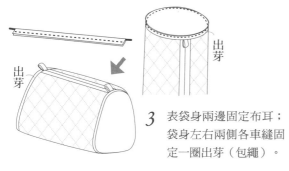

*3*　表袋身兩邊固定布耳；袋身左右兩側各車縫固定一圈出芽（包繩）。

*4*　表側邊與裡側邊背面相對車縫一圈，備用。

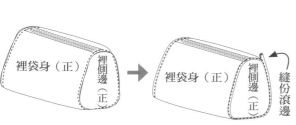

*5*　表側邊與表袋身正面相對車縫兩圈，並將內裡縫份滾邊。

*6*　翻回正面，縫上提把，作品完成。

*Page.22*

# 方格口金包 *Clutch Purse*

**材 料：**

- 表布、棉、30% 收縮襯     72×42cm
- 裡布、厚布襯     各 1 尺
- 口金     20cm     1 組
- 串珠提把     1 條
- 蕾絲     80cm     1 條

**裁 布：** ※ 裁布所載尺寸及紙型皆需外加縫份 1cm      ※ 請參照紙型於布料背面熨燙對應的布襯

*1* 在 72×42cm 的收縮襯畫 3×3cm 菱格線，表布＋棉＋收縮襯疏縫，按菱格記號線車縫。熨燙收縮完成布片約 60×28cm。

*2* 裁剪收縮表布：表袋 2 片；裁剪裡布：裡袋 2 片（內口袋自訂）。

## *How to make*

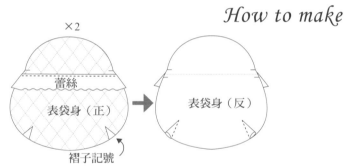

*1* 表袋身前、後片先車縫蕾絲固定，再車縫褶子。

*2* 表袋身前、後片正面相對，下緣兩側車縫至止縫點。（裡袋身作法相同）

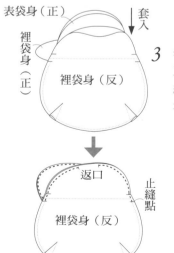

*3* 表袋身套入裡袋身正面相對，車縫上緣口布處，一邊口布留返口。

*4* 由返口翻回正面，縫合返口，口布塞入口金內縫合，鉤上提把即完成。

# 黑格銀鍊包 *Vintage Bag*

**材　料：**

- 表布、棉、30% 收縮襯　　50cm×105cm
- 表布、厚布襯　　　　　　50cm×30cm
- 裡布　　　　　　　　　　1 尺
- 釦眼　　　　　　　　　　34mm　　　　　　2 組
- 長柱形轉鎖　　　　　　　　　　　　　　　1 組
- 斜背銀鍊　　　　　　　　　　　　　　　　1 條　　　・ 拉鍊　25cm　1 條

**裁　布：**※ 裁布所載尺寸及紙型皆需外加縫份 1cm　※ 請參照紙型於布料背面熨燙對應的布襯

*1* 　先在收縮襯畫 3×3cm 菱格及 1cm 的雙線記號。表布＋棉＋收縮襯疏縫固定。

*2* 　壓車記號線，用熨斗縮燙完成布片約 30×85cm。

*3* 　依尺寸裁剪表袋身 27×28.3cm 1 片；依紙型裁剪表袋蓋 1 片、表側邊 2 片備用。

*4* 　非縮燙的表布＋厚布襯依尺寸裁剪前後貼邊 27×3 cm 共 2 片、後袋貼邊 29×10.5cm 1 片；依紙型裁剪側貼邊 2 片、裡袋蓋 1 片。

*5* 　裡布依紙型剪裁裡側邊 2 片；依尺寸裁剪裡袋身 27×22.3cm 1 片、後袋布 29×19cm。

## *How to make*

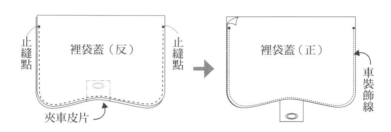

*1* 　表袋蓋與裡袋蓋正面相對，依紙型位置夾轉鎖皮片，車縫凵形至
　　兩側止縫點。翻回正面，並臨邊 0.2cm 車壓裝飾線。

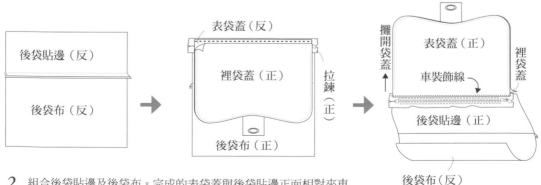

*2* 　組合後袋貼邊及後袋布。完成的表袋蓋與後袋貼邊正面相對夾車
　　拉鍊上側，攤開袋蓋，正面臨邊壓裝飾線（僅表袋蓋）。

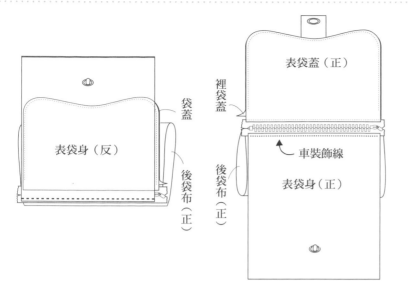

*3* 後袋布往上翻，與表袋身（依紙型記號先釘好轉鎖）正面相對，夾車拉鍊下側。攤開後，表袋身正面臨邊壓裝飾線（注意要將拉鍊拉開後車壓，才不會車縫到後袋布的另一側）。

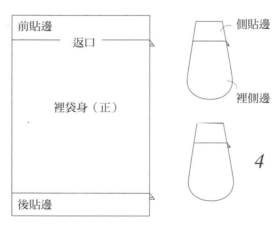

*4* 裡袋身、裡側邊各別先車縫貼邊備用（唯裡袋身貼邊一段需留返口）。

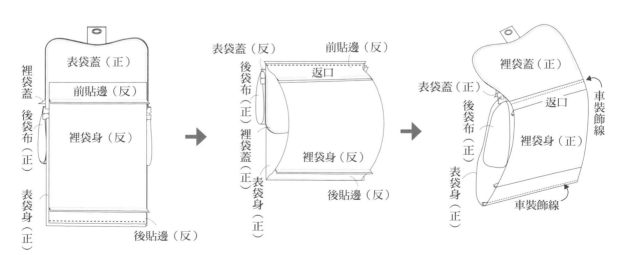

*5* 裡袋身的後貼邊與表袋身正面相對車縫，再將袋蓋反摺，裡袋身的前貼邊與裡袋蓋正面相對車縫，攤開翻正後貼邊正面臨邊壓裝飾線。

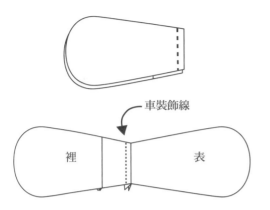

車裝飾線

裡　　　表

6　表側邊與裡側邊正面相對，車縫
　　上端，翻開後車縫裝飾線。

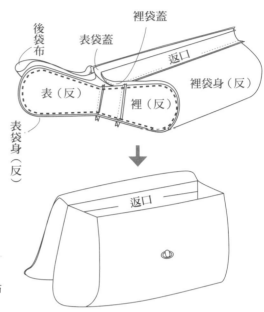

裡袋蓋
表袋蓋
後袋布
返口
裡袋身（反）
表（反）　裡（反）
表袋身（反）

返口

7　袋身翻回反面，袋蓋往裡袋正面翻（如步驟 5 第 2 張圖），
　　袋身與側邊正面相對，裡貼邊處對齊，車縫 U 形（表、裡布
　　皆同），後袋布拉平與表袋身一起車縫，由返口翻回正面。

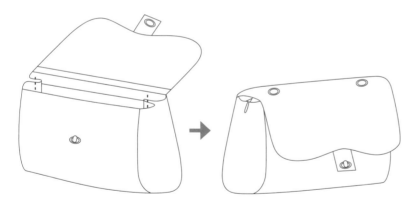

8　兩側邊袋口內側抓褶車縫，袋
　　蓋釘兩個對稱的雞眼釦。

9　銀鍊從釦眼穿
　　出，即完成。

# 綠野嬌嬌包 *Shoulder Bag*

**材　料：**

- 素布、棉、30% 收縮襯　　　2 尺
- 花布、厚布襯　　　　　　　2 尺
- 裡布、厚布襯　　　　　　　3 尺
- 拉鍊　　　　　　　45cm　1 條
- 橢圓形轉鎖　　　　　　　　1 組
- 手把　　　　　　　　　　　1 組　　　・鉚釘　16 顆
- 方形皮片　　　　　　　　　4 片　　　・PE 板　1 片

**裁　布：**　※ 裁布所載尺寸及紙型皆需外加縫份 1cm　　※ 請參照紙型於布料背面熨燙對應的布襯

*1*　一小塊粗裁的花布＋棉＋收縮襯車壓縮燙後，裁剪 1 片表袋蓋布。

*2*　先把素布＋棉＋收縮襯車壓縮燙完成縮燙布約 80×32cm，再排好紙型剪下備用。裁剪表袋身 2 片、表側袋口布 2 片、表袋底 1 片。

*3*　素布貼襯後裁剪裡側袋口布 2 片。

*4*　花布貼襯後裁剪表側邊布 2 片、表側袋 2 片、裡袋身口布 2 片、裡袋蓋布 1 片。

*5*　裡布貼襯後裁剪裡側袋 2 片、裡袋身 2 片

# *How to make*

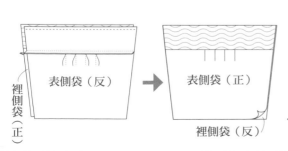

轉鎖圈記號點

打洞

*1*　表裡袋蓋布正面相對車縫ㄩ形組合，翻回正面，依記號點打洞扣上轉鎖圈。

打摺

表側袋

表側袋口布（反）

表側袋（反）

表側袋口布（反）

表側袋口布（正）

表側袋（正）

*2*　表側袋上端按紙型記號打摺後，與表側袋口布車合（裡側袋作法相同）。

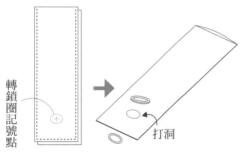

裡側袋（正）

表側袋（反）

表側袋（正）

裡側袋（反）

*3*　表、裡側袋正面相對車縫上端，翻回正面，完成側袋。

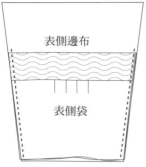

表側邊布

表側袋

*4* 把車好的側袋固定在
表側邊布，共 2 組。

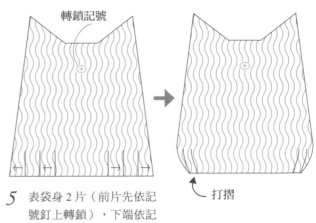

轉鎖記號

打摺

*5* 表袋身 2 片（前片先依記
號釘上轉鎖），下端依記
號打摺。

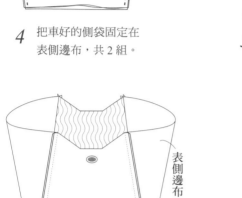

表側邊布（反）

*6* 表袋身再與表側邊 2 片縫合，組
合成一圈。

*7* 裡袋身口布 2 片，組合
車縫成一圈。

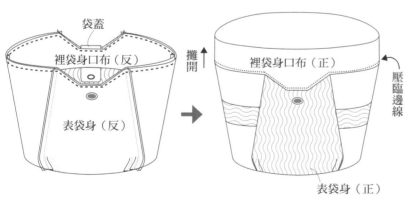

袋蓋

裡袋身口布（反）

表袋身（反）

攤開

裡袋身口布（正）

壓臨邊線

表袋身（正）

*8* 表袋身和裡袋身口布正面相
對夾車固定袋蓋，攤開，於口
布正面壓臨邊線一圈。

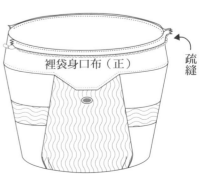

裡袋身口布（正）

疏縫

*9* 將打開的拉鍊與裡袋身口布
正面相對疏縫固定。

*10* 裡袋身做好內口袋，兩側車縫，再與裡袋身口布正面相對夾車拉鍊。

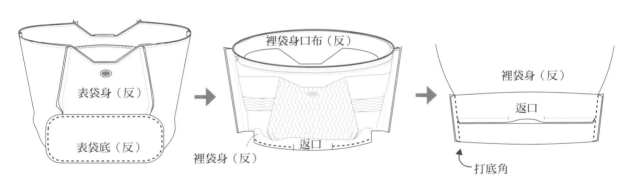

*11* 表袋身下緣與表袋底車縫組合，再將裡袋身 2 片的底部對齊車縫一道留返口，並打底角。

*12* 由返口翻回正面，將返口縫合。以鉚釘釘住皮片固定手把，完成。

# 自在悠遊購物袋 *Shopping Bag*

## 材 料：

- 花布、棉、30%收縮襯　　50cm×70cm
- 格布、棉　　　　　　　　2 尺
- 裡布、厚布襯　　　　　　2 尺
- 皮釦　　　　　　　　　　2 組
- 提把　　　　　　　　　　1 組

**裁 布**：※ 裁布所裁尺寸及紙型皆需外加縫份 1cm　※ 請參照紙型於布料背面熨燙對應的布襯

*1* 花布＋棉＋收縮襯自由縫車壓縮燙為約 50×25cm，裁剪前袋表布 2 片，後袋蓋表布 1 片。

*2* 花布＋厚布襯裁剪前袋貼邊 2 片、前袋底＋襯 40.5×5cm 2 片、後袋蓋裡布 1 片。

*3* 格布裁剪表袋身 35×35cm2 片、表袋底 1 片、貼邊 35×7cm 2 片、側貼邊 2 片、後袋滾邊 3.5×19cm、4.7×19cm。

*4* 裡布裁剪裡袋身 35×28cm 2 片、裡袋底 1 片、前袋裡布 2 片、後口袋布 40.5×21cm1 片。

## *How to make*

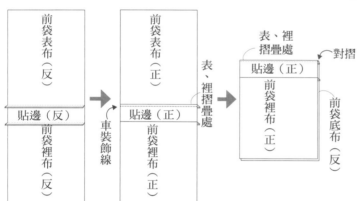

*1* 前袋貼邊上端與前袋表布縫合，下端與裡布縫合。
　　前貼邊正面壓臨邊線，表裡反面相對對摺。

*2* 前袋底布短邊正面相對對摺車縫
　　一端，先不翻至正面。

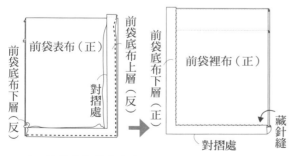

*3* 前袋底與前袋表布正面相對順著轉角先車縫上層開口
　　（下層開口布片勿車到）。再將前袋底翻成正面包住前
　　袋邊緣，另一邊縫份內摺以藏針縫固定於前袋裡布。

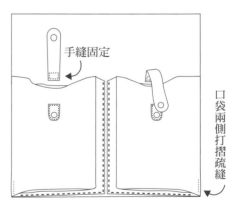

*4* L 形車縫前袋固定在表袋身，口袋兩側
　　底端打摺後疏縫固定，縫上皮釦組。

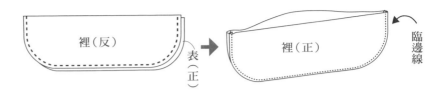

5 後袋蓋表布與後袋蓋裡布正面相對車縫 U 形,翻回正面,於裡布正面壓臨邊線(勿車到表布)。

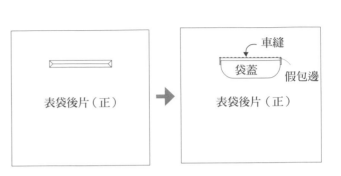

6 後袋身做一字型口袋(袋口 18×1.6cm,作法詳見 P.72),先車縫假包邊的ㄩ字型三邊,再將袋蓋夾入上方假包邊,車縫上側一道。

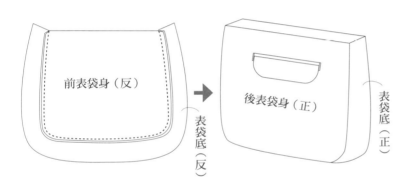

7 前表袋身先車表袋底布,再車後表袋身。

8 組合裡袋身及貼邊、裡袋底及側貼邊,接著同表袋身作法 7,組合裡袋身及裡袋底,袋底一邊需留返口。

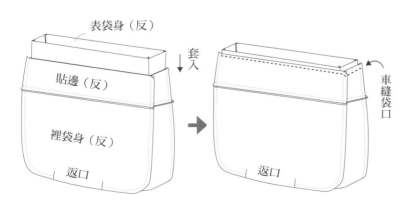

9 表袋身套入裡袋身正面相對,縫合袋口一圈,翻回正面,縫合返口。

10 縫上提把,完成。

# 美金側背包 *Shopping Bag*

**材　料：**

- 印花布、棉、30% 收縮襯　　3 尺
- 裡布、厚布襯　　　　　　　2 尺
- 雞眼釦　　　　　　34mm　　4 組
- 　　　　　　　　　17mm　　4 組
- 手把　　　　　　　　　　　1 組

**裁　布：**　※ 裁布所載尺寸及紙型皆需外加縫份 1cm　　※ 請參照紙型標示於布料背面熨燙對應的布襯

*1*　印花布裁剪貼邊布 2 片。

*2*　印花布＋棉＋收縮襯車壓完成縮燙布片約 80×55cm，依紙型裁剪表袋身 1 片。

*3*　裡布裁剪裡袋身 2 片。

## How to make

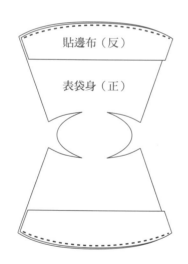

*1*　表袋身與貼邊布正面相對弧邊對齊車縫。

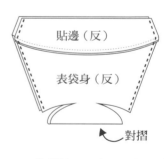

接縫的圓弧處

對摺

*2*　攤開後正面相對對摺，貼邊對齊貼邊，對車至袋身。

*3*　裡袋身做好內口袋，2 片正面相對車縫兩側及底部，一側留返口。

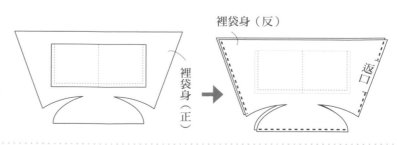

裡袋身（反）

裡袋身（正）

返口

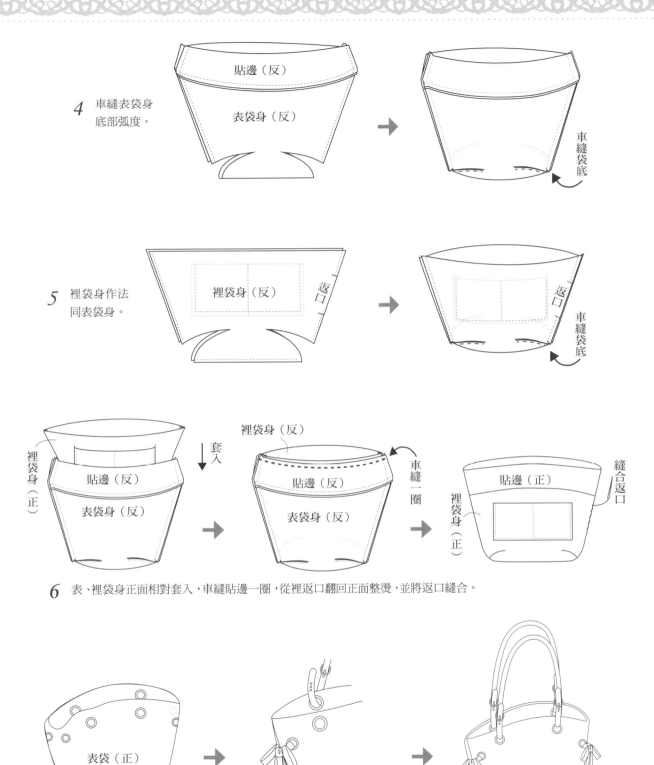

*4* 車縫表袋身
底部弧度。

貼邊（反）

表袋身（反）

車縫袋底

*5* 裡袋身作法
同表袋身。

裡袋身（反）

返口

返口

車縫袋底

裡袋身（反）

裡袋身（正）

套入

貼邊（反）

表袋身（反）

裡袋身（反）

貼邊（反）

表袋身（反）

車縫一圈

貼邊（正）

裡袋身（正）

縫合返口

*6* 表、裡袋身正面相對套入，車縫貼邊一圈，從裡返口翻回正面整燙，並將返口縫合。

表袋（正）

*7* 袋身畫釦眼記號釘上雞眼釦，側邊綁上絲帶，袋口穿入提把，即完成。

# 豹紋長夾 *Purse*

## 材 料：

- 表布、棉、30% 收縮襯　　55×45cm
- 裡布、薄布襯　　　　　　1 尺
- 外圍拉鍊　　　　　　　　45cm　　　　1 條
- 內層拉鍊　　　　　　　　18cm　　　　1 條
- 磁釦　　　　　　　　　　　　　　　1 組

**裁　布：** ※ 裁布所載尺寸及紙型皆需外加縫份 1cm　※ 請參照紙型標示於布料背面熨燙對應的布襯

*1*　表布＋棉＋收縮襯車壓縮燙完成布片約 25×30cm，裁長夾表布 1 片。

*2*　裡布裁卡夾裡布 38×21cm（含縫份 0.7cm）2 片、側邊 2 片、前釦布 2 片、內層口袋布 19×17cm（含縫份 0.7）2 片（1 片貼薄布襯）。

## *How to make*

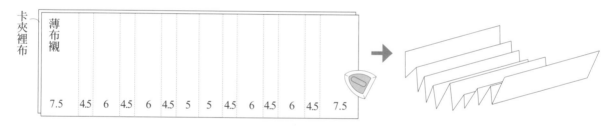

*1*　依圖示把夾層記號畫在薄布襯正面，燙在卡夾裡布背面，再照記號尺寸折燙夾層，備用。

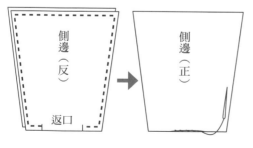

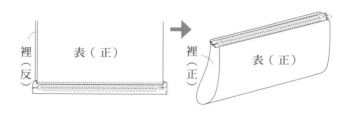

*2*　側邊 2 片先貼襯，正面相對留返口車縫一圈（縫份 0.7cm），翻回正面備用，返口藏針縫。

*3*　內層拉鍊口袋先車好。

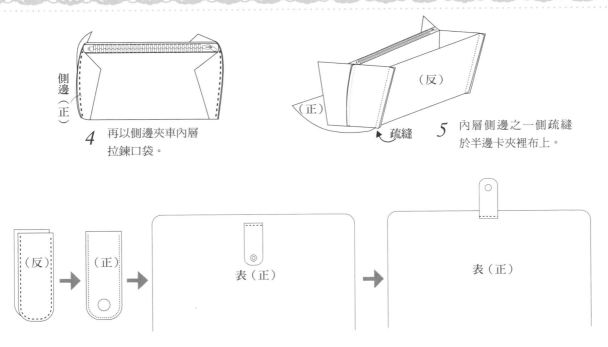

*4* 再以側邊夾車內層
拉鍊口袋。

側邊（正）

疏縫

（反）

（正）

*5* 內層側邊之一側疏縫
於半邊卡夾裡布上。

（反）　→　（正）　→　表（正）　→　表（正）

*6* 前鈕布正面相對車 U 形，翻回正面邊緣壓線裝飾，前鈕布及表袋身釘上 1 組
磁鈕，前鈕布依記號位置車在表布正面。

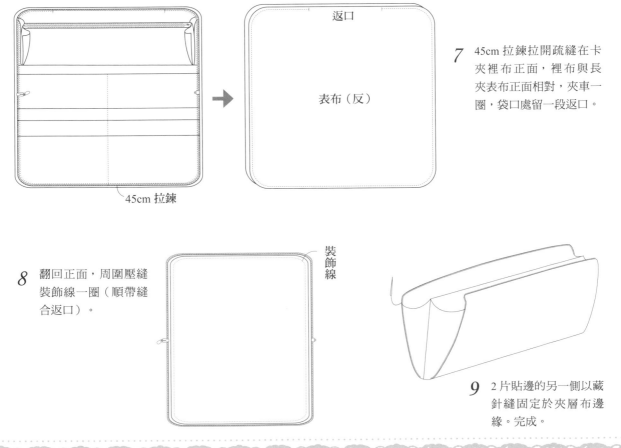

返口

表布（反）

45cm 拉鍊

*7* 45cm 拉鍊拉開疏縫在卡
夾裡布正面，裡布與長
夾表布正面相對，夾車一
圈，袋口處留一段返口。

*8* 翻回正面，周圍壓縫
裝飾線一圈（順帶縫
合返口）。

裝飾線

*9* 2 片貼邊的另一側以藏
針縫固定於夾層布邊
緣。完成。

# 仕女蕾絲包 *Shoulder Bag*

**材 料：**

- 表布、厚布襯　　　55×35cm
- 配色布、15% 收縮襯　4 尺
- 滾邊布　　　　　　4×64cm　　　1 條
  　　　　　　　　　4×35 cm　　　2 條
- 白蕾絲　　　　　　寬 6.5×60cm　2 條
- 黑蕾絲　　　　　　寬 4.5×60 cm　2 條
- 提把　　　　　　　1 組

**裁　布：**※ 裁布所載尺寸及紙型皆需外加縫份 1cm　※ 請參照紙型標示於布料背面熨燙對應的布襯

*1*　表布裁表袋身 2 片、側邊底表布 1 片。

*2*　配色布 + 收縮襯車壓縮燙完成布片約 42×25cm，裁前袋表布 2 片。

*3*　裡布裁前袋裡布 2 片、裡袋身 2 片、側邊底裡布 1 片。

# *How to make*

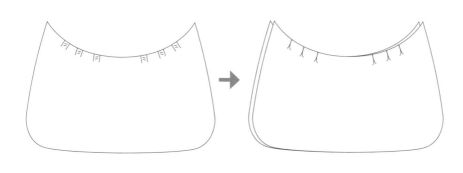

*1*　前袋表、裡布袋口
　　依記號打摺，表、
　　裡布背面相對對齊。

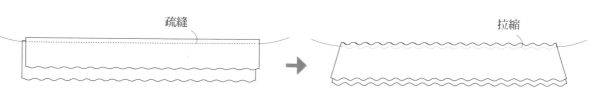

*2*　取白、黑蕾絲重疊，針目加大車縫一道（頭尾不回針），拉縮兩端的線頭將長度縮至約 43cm。

*3* 蕾絲固定在前袋袋口，用
4cm 寬的滾邊條滾邊。

*4* 將前袋車縫固定於
表袋身，表袋身 2
片及側邊底表布正
面相對組合。

*5* 裡袋身自訂內口
袋，裡袋身 2 片及
側邊底裡布正面相
對組合。

*7* 縫上提把，
完成。

*6* 裡袋套入表袋背面相對車縫袋口後，袋
口滾邊一圈。

# 水藍條紋休閒包 *Shoulder Bag*

## 材　料：

- 花布、棉、30% 收縮襯　　2 尺
- 素布　　　　　　　　　　1 尺
- 裡布、厚布襯　　　　　　3 尺
- 3mm 腊繩用布　　102×3cm　　　2 條
- 拉鍊　　　　　40cm、18cm　各 1 條
- 圓型環　　　　3cm 直徑　　　　4 個
- 提把　　　　　　　　　　1 組

**裁　布：**　※ 裁布所載尺寸及紙型皆需外加縫份 1cm　※ 請參照紙型標示於布料背面熨燙對應的布襯

*1* 花布＋棉＋收縮襯車縮完成約 36×26cm 剪表袋布 2 片、66×15cm 剪表底布 1 片。

*2* 花布裁剪表口布 2 片、外包繩布 102×3cm 2 片。

*3* 素布剪下擺貼片 4 片、上側帶 4 片、下側帶 4 片。

*4* 裡布裁剪裡袋布 2 片、裡口布 2 片、裡底布 1 片、內滾邊布 102×4cm 2 片。

# *How to make*

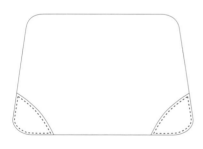

*1* 2 片表袋身車縫下擺貼片。

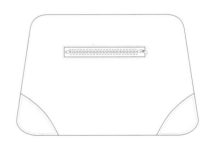

*2* 於表袋身後片開一字拉鍊口袋。

*3* 上側帶正面相對車縫ㄇ形，翻回正面後車一圈裝飾線，反摺套入 2 個圓型環固定，共製作 2 組。

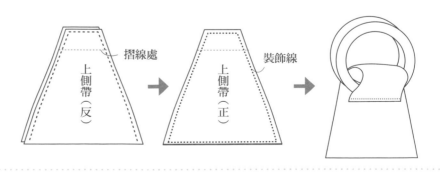

摺線處　　　　　裝飾線

上側帶（反）　　上側帶（正）

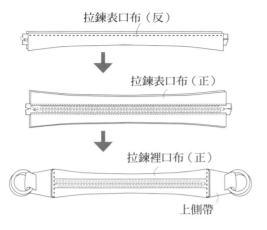

拉鍊表口布（反）

拉鍊表口布（正）

拉鍊裡口布（正）

上側帶

*4* 表、裡口布夾車拉鍊，翻正面壓裝飾線，再車縫兩端的上側帶。

下側帶（反）　摺線

下側帶（正）　摺線

*5* 下側帶正面相對車縫三邊，由返口翻回正面後車一圈裝飾線，共製作2組。於表底布固定下側帶。

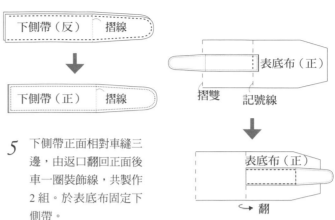

表底布（正）

摺雙　記號線

表底布（正）

翻

*6* 於表底布固定下側帶。

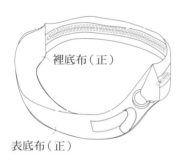

裡底布（正）

表底布（正）

*7* 表底布與裡底布正面相對夾車拉鍊口布，完成一圈（底＋拉鍊口布）側邊。

車包繩

*8* 側邊兩側車3cm摺雙包繩固定一圈。

裡袋（正）

表袋（反）

*9* 表袋布與裡袋布（已車好內口袋）背面相對車縫一圈，共完成2組前、後袋身。

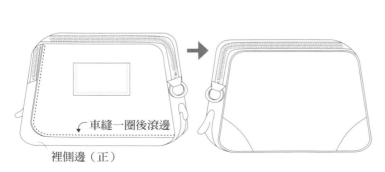

車縫一圈後滾邊

裡側邊（正）

*10* 前、後袋身各別與側邊正面相對車縫一圈，內縫份再以滾邊處理，翻回正面。

*11* 縫上提把，完成。

# 率性水兵包 *Saddle Bag*

**材 料：**

- 表布（水兵布）、棉、15% 收縮襯 ⠀⠀⠀⠀1.5 尺
- 裡布、厚布襯 ⠀⠀⠀⠀⠀⠀⠀⠀⠀⠀⠀⠀1.5 尺
- 拉鍊 ⠀⠀⠀⠀⠀⠀⠀⠀⠀⠀25cm ⠀⠀⠀1 條
- 圓型環 ⠀⠀⠀⠀⠀⠀⠀⠀2.5cm 直徑 ⠀2 個
- 提把 ⠀⠀⠀⠀⠀⠀⠀⠀⠀⠀1 條

**裁 布：** ※ 裁布皆依紙型外加縫份 1cm ⠀※ 請參照紙型標示於布料背面熨燙對應的布襯

*1* 表布＋棉＋收縮襯用自由縫車壓縮燙完成布片約 84×34cm，裁表袋身 2 片。

*2* 表布裁貼邊 2 片、布耳 2 片。

*3* 裡布裁裡袋身 2 片。

## *How to make*

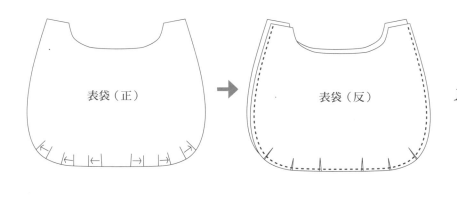

*1* 將表袋身下擺打摺，兩片正面相對車縫 U 形側邊。

*2* 裡袋身做好自訂內口袋，再接縫貼邊，下擺打摺，兩片正面相對留返口 U 形車縫側邊。

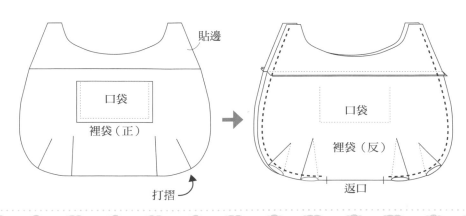

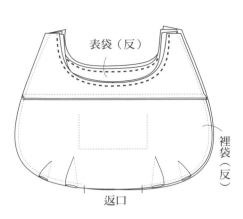

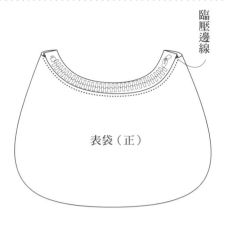

*3* 表袋套入裡袋正面相對車縫袋口一圈，從返口翻回正面，縫合返口。

*4* 拉鍊疏縫在裡袋袋口內，由表袋口正面壓臨邊線，一併固定拉鍊。拉鍊兩端布緣內摺，以車縫或藏針縫固定。

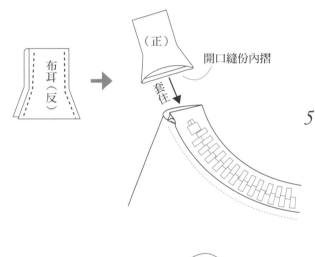

*5* 一片布耳正面相對對摺車縫兩邊，翻回正面，開口縫份內摺，套住袋身兩側布端和拉鍊，藏針縫一圈固定。

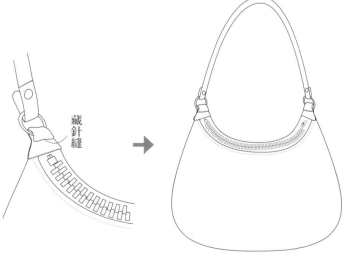

*6* 圓型環穿入布耳，藏針縫固定。扣上提把，完成。

# 曼谷風尚包 *Shoulder Bag*

**材　料：**

| | | |
|---|---|---|
| · 圓點布、棉、30% 收縮襯、胚布 | 3 尺 | |
| · 裡布、厚布襯 | 2 尺 | |
| · 素布、薄布襯 | 1 尺 | |
| · 拉鍊 | 50cm | 1 條 |
| · 提把 | | 1 組 |

**裁　布：**　※ 裁布所載尺寸及紙型皆需外加縫份 1cm　※ 請參照紙型於布料背面熨燙對應的布襯

*1*　粗裁的表布 65×75cm+ 棉 + 收縮襯，壓線後縮燙為約 45×55cm 的布片，依紙型剪裁表袋身前片 1 片、表後袋 1 片。

*2*　粗裁的表布 45×55cm + 棉 + 胚布，裁表口布 2 片；壓線，裁表袋身後片 1 片、表袋底 1 片、表側邊 2 片。

*3*　裡布裁裡袋身前後片 2 片、裡後袋 1 片、裡袋底 1 片、裡側邊 2 片、裡口布 2 片、滾邊布 4.5cm× 裡袋縫份周長。

*4*　素布裁蝴蝶帶、上蝴蝶布、薄布襯 31.5×21cm 1 片、下蝴蝶布 1 片、蝴蝶釦布 5×8cm 1 片。

*5*　布耳 6×3cm（含縫份）2 片。

## *How to make*

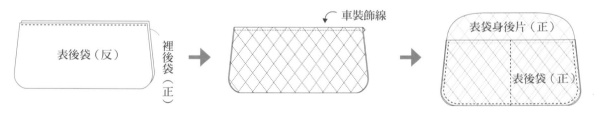

*1*　後袋表、裡布正面相對車縫上端，翻回正面袋口壓裝飾線，後袋車縫固定於表袋身後片，並車縫口袋分隔線。

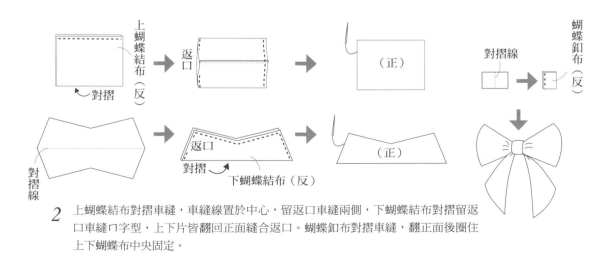

*2*　上蝴蝶結布對摺車縫，車縫線置於中心，留返口車縫兩側，下蝴蝶結布對摺留返口車縫ㄇ字型，上下片皆翻回正面縫合返口。蝴蝶釦布對摺車縫，翻正面後圈住上下蝴蝶布中央固定。

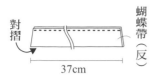

対摺 蝴蝶帶（反）

37cm

蝴蝶帶

表袋身前片

*3*  蝴蝶帶對摺車縫後翻正面，於兩側和中心車縫固定於表袋身前片，再將蝴蝶結縫合於蝴蝶帶中央。

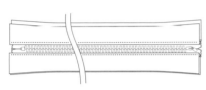

*4*  將口布表、裡布夾車拉鍊備用。

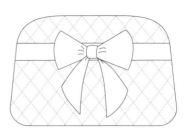

表袋底（正）    表側邊（正）

表側邊（反）    表袋底（反）

*5*  表側邊加表袋底拼接車縫，接縫處旁壓裝飾線。

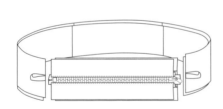

*6*  拉鍊口布與側邊袋底夾布耳拼接車縫，成為一圈。

表袋身前片（正）

裡袋身前片（反）

*7*  表、裡袋身前片反面相對車縫一圈，表袋身前片再與側邊表布正面相對，車縫組合，表袋身後片作法相同。

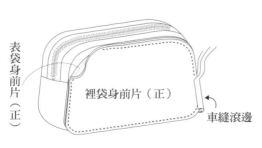

表袋身前片（正）

裡袋身前片（正）

車縫滾邊

*8*  最後將裡袋身縫份車縫滾邊。

*9*  翻回正面縫好提把，作品完成。

# 曼谷風尚小包 *Mini Bag*

**材　料：**

- 圓點布、棉、30% 收縮襯　　　　2 尺
- 裡布、厚布襯　　　　　　　　45×40cm
- 30cm 拉鍊　　　　　　　　　1 條
- 布標　　　　　　　　　　　　1 片
- 鉚釘　　　　　　　　　　　　4 組
- 提把　　　　　　　　　　　　1 組

**裁　布：**　※ 裁布所載尺寸及紙型皆需外加縫份 1cm　※ 請參照紙型於布料背面熨燙對應的布襯

*1*　表布＋棉＋收縮襯車壓縮燙完成約 45×40cm，依紙型裁表袋身 1 片。

*2*　表布裁布耳 4×8cm2 片。

*3*　裡布裁裡袋身 1 片。

## *How to make*

### ・製作布耳

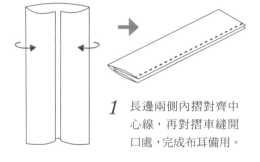

*1*　長邊兩側內摺對齊中心線，再對摺車縫開口處，完成布耳備用。

### ・製作袋身

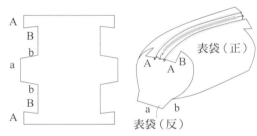

*2*　表袋身車上布標並用鉚釘裝飾，上下緣車縫 30cm 拉鍊成筒狀。

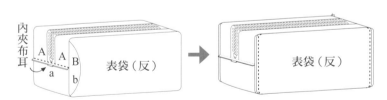

*3*　按紙型記號 A 與 a 對齊，夾布耳車縫；B 與 b 對齊車縫。

*4*　裡袋身袋口縫份內摺，保留拉鍊開口寬度（約 1.5cm），按紙型記號 A 與 a 對齊車縫，B 與 b 對齊車縫。

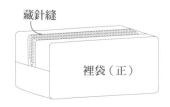

*5*　表袋身置入裡袋身背面相對，裡袋身袋口以藏針縫固定於拉鍊內側一圈。

*6*　由拉鍊開口處將袋身翻回正面。縫上提把，完成。

# 紫戀長型提包 *Hand Bag*

**材 料：**

- 花布、棉、30% 收縮襯　　　2 尺
- 素布、棉、胚布　　　　　　1.5 尺
- 包繩布、腊繩　　　50cm　　　2 條
- 拉鍊　　　　　　　35cm　　　1 條
- 蕾絲　　　　　　　75cm　　　1 條
- 提把　　　　　　　　　　　　1 組

**裁　布：** ※ 裁布所載尺寸及紙型皆需外加縫份 1cm　※ 請參照紙型標示於布料背面熨燙對應的布襯

*1*　花布＋棉＋收縮襯車壓縮燙完成布片約 42×55cm，裁表袋身 1 片。

*2*　花布裁正貼邊 2 片、側貼邊 2 片。

*3*　素布裁口布 6×29cm 2 片，裁襯 6×29cm 2 片。

*4*　素布＋棉＋胚布車壓菱格完成 32×20cm，裁側邊表布 2 片。

*5*　裡布裁裡袋身 1 片、側邊裡布 2 片、內側袋 2 片。

## *How to make*

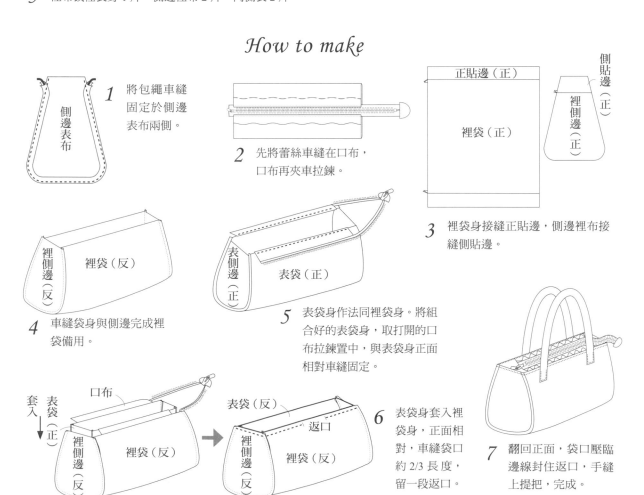

*1*　將包繩車縫固定於側邊表布兩側。

*2*　先將蕾絲車縫在口布，口布再夾車拉鍊。

*3*　裡袋身接縫正貼邊，側邊裡布接縫側貼邊。

*4*　車縫袋身與側邊完成裡袋備用。

*5*　表袋身作法同裡袋身。將組合好的表袋身，取打開的口布拉鍊置中，與表袋身正面相對車縫固定。

*6*　表袋身套入裡袋身，正面相對，車縫袋口約 2/3 長度，留一段返口。

*7*　翻回正面，袋口壓臨邊線封住返口，手縫上提把，完成。

# 豹紋大包 *Shopping Bag*

**材　料：**

- 表布、棉、30% 收縮襯　　46×64cm
- 表布、棉、胚布　　　　2 尺
- 配色布、棉、胚布　　　　2 尺
- 裡布、厚布襯　　　　　4 尺
- 腊繩、包繩布　　　100cm　　　2 條
- D 型環　　　　　　　　　2 個
- 問號鉤斜背帶　　　　　　1 條
- 四合釦提把　　　　　　　1 組
- 雞眼釦　　　　直徑 3.5cm　　4 組

**裁　布：** ※ 裁布皆依紙型外加縫份 1cm　　※ 請參照紙型標示於布料背面熨燙對應的布襯

*1* 表布＋棉＋收縮襯車壓縮燙完成布片約 32×45cm 裁表主布 2 片。

*2* 表配色布＋棉＋胚布壓線完成，裁表配色布正反各 2 片、表配色布裁 D 型環吊耳 4×8cm2 片。

*3* 表布＋棉＋胚布壓線完成，裁表側邊 2 片、表底布 1 片。

*4* 裡布裁內貼邊 2 片、裡袋身 2 片。

## *How to make*

### ・製作表袋

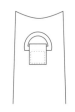

*1* 製作吊耳，穿過 D 型環後，依紙型位置車縫於表側邊。

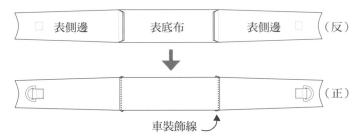

車裝飾線 ↙

*2* 表側邊拼接表底布，攤開後於正面的車縫線旁，壓裝飾線，完成表側邊底備用。

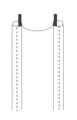

*3* 表側邊底兩側分別上包繩（出芽）。

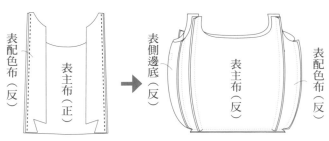

*4* 表主布與表配色布正面相對車縫，攤開後車縫兩側底角，再與表側邊底相接，完成表袋身備用。

## ・製作裡袋

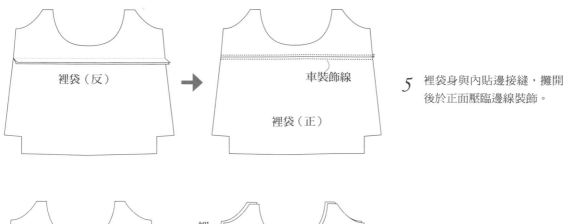

裡袋（反）

車裝飾線

裡袋（正）

5 裡袋身與內貼邊接縫，攤開後於正面壓臨邊線裝飾。

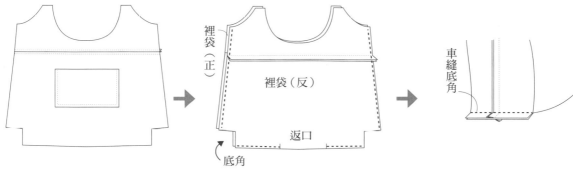

裡袋（正）

裡袋（反）

車縫底角

返口

底角

6 做好內口袋設計，2 片裡袋正面相對，底部留返口車縫三邊，打底角，完成裡袋身備用。

## ・組合表裡袋

表袋（反）

裡袋（反）

7 表袋身套入裡袋身正面相對，車縫袋口一圈。

表袋（正）

車裝飾線

包繩

8 由返口翻回正面，袋口壓線一圈裝飾，縫合裡袋返口。

9 袋口四端釘上雞眼釦。

10 扣上提把，完成。

# 肩背後背兩用包 *2Way Bag*

## 材　料：

- 花布、30% 收縮襯　　1 尺
- 素布　　　　　　　　2 尺
- 厚布襯　　　　　　　3 尺
- 美國棉、胚布　　　　1.5 尺
- 裡布　　　　　　　　3 尺
- 滾邊布　　　　　4cm× 袋口周長　　1 條
- 　　　　　　　　4cm× 側袋口　　　2 條
- 腊繩　　　　　　21cm　　　　　　2 條
- 蕾絲　　　　　　28cm　　　　　　1 條
- 拉鍊　　　　　　25cm、23cm、20cm、18cm　　各 1 條

- 日型環　　　　　　2 個
- 圓形環　　　　　　2 個
- 磁釦　　　　　　　1 組
- 鉚釘　　　　　　　2 組

**裁　布：** ※ 裁布所載尺寸及紙型皆需外加縫份 1cm　　※ 請參照紙型標示於布料背面熨燙對應的布襯

*1* 花布 + 收縮襯壓線縮燙，剪下立體口袋表布 1 片、手機袋表布 1 片、手機袋蓋表布 1 片、側袋表布 19×10.5cm 2 片、前袋表布上片 1 片。

*2* 花布裁貼布 2 片。

*3* 素布 + 棉 + 胚布壓縫，裁前袋表布下片 1 片、表袋身後片 1 片、側邊表布 2 片、底表布 1 片。

*4* 素布裁立體口袋側底 25×5cm 1 片 ( 不含縫份的襯 1 片 )、手機袋蓋裡布 1 片、兩用背帶布 6×100cm2 片、日型環用布 6×11cm2 片。

*5* 裡布裁立體口袋裡布 1 片、手機袋裡布 1 片、側袋裡布 19×10.5cm 2 片、前袋裡布 2 片、裡袋身 2 片、側邊裡布 1 片、18cm 拉鍊內袋 15×21cm 2 片。

## *How to make*

### ・製作立體口袋

口袋側底（正）

對摺處

*1* 立體口袋側底包住 20cm 拉鍊兩端接縫成一圈。

口袋側底（正）

對摺處

包繩對摺處

立體口袋表布（正）

*2* 立體口袋表布疏縫上包繩。

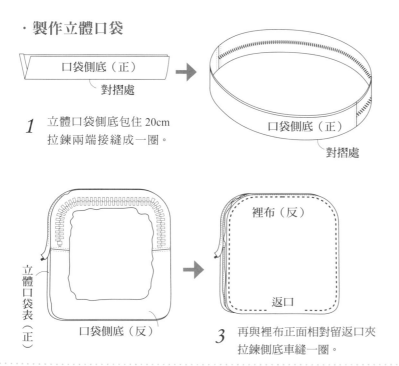

立體口袋表（正）

口袋側底（反）

裡布（反）

返口

*3* 再與裡布正面相對留返口夾拉鍊側底車縫一圈。

*4* 立體口袋翻回正面，縫合返口備用。

## ·製作手機袋

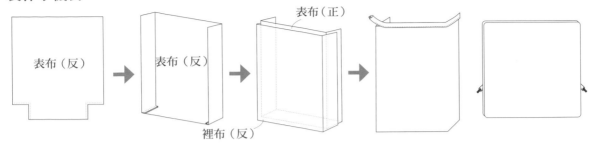

表布（正）
表布（反）
表布（反）
裡布（反）

*5* 袋蓋表、裡布正面相對夾包繩車 U 形，翻回正面備用。

## ·製作袋身

*6* 袋蓋及袋身於適當位置縫上 1 組磁釦。（若使用釘式磁釦請於車合布片前先釘好）

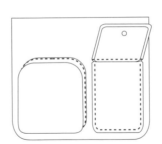

後片（正）

*7* 素布後片先開好 18cm 拉鍊內袋，對折日型環用布成布條，穿過日型環，於表布後片下方，以鉚釘左右各固定一個。

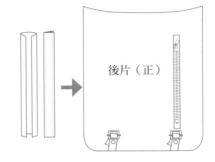

*8* 兩用提把長邊摺疊車好備用。

*9* 車好的手機袋＋袋蓋、立體口袋，固定車縫在前袋。

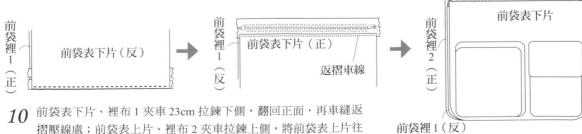

前袋表上片
前袋表下片

前袋表下片（反）
前袋裡1（正）
返摺車線
前袋表下片（正）
前袋裡1（反）
前袋裡2（正）

*10* 前袋表下片、裡布 1 夾車 23cm 拉鍊下側，翻回正面，再車縫返摺壓線處；前袋表上片、裡布 2 夾車拉鍊上側，將前袋表上片往上翻攤開。

*11* 前袋口車縫一條蕾絲裝飾。

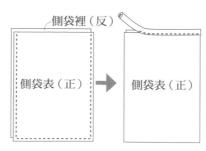

*12* 側袋表、裡布背面相對車縫ㄩ形,袋口滾邊備用。

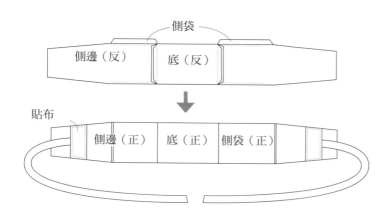

*13* 側邊表布及底表布夾車側袋攤開,底布正面壓臨邊線,再貼縫上花貼布,貼布車縫前夾入兩用背帶之一端。

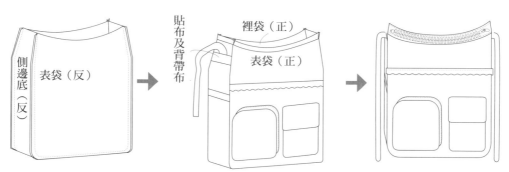

*14* 車縫表袋身與側邊底布結合(裡袋身作法相同),裡袋身背面相對套入表袋身,袋口疏縫25cm拉鍊。

*15* 袋口車上4cm滾邊。

*16* 皮片套入圓形環,手縫夾住袋口兩側,將提把一端穿過兩個圓形環,再穿入日型環內,完成。

# 優雅書袋 *Book Bag*

**材 料：**

- 花布、棉、30% 收縮襯　　1.5 尺
- 素布、棉、胚布、裡布　　2 尺
- 拉鍊　　　　　　18cm　　　1 條
- 雞眼　　　　　　21mm　　　4 組（搭活動式 O 型環 2 個）
　　　　　　　　　15mm　　　4 組（搭活動式 O 型環 2 個）
- 轉鎖　　　　　　　　　　　1 組
- 手把　　　　　　　　　　　1 組

**裁　布：**　※ 裁布皆依尺寸及紙型外加縫份 1cm　　※ 請參照紙型標示於布料背面熨燙對應的布襯

*1* 　花布＋棉＋收縮襯用自由縫車壓縮燙為約 32×30cm，剪下表袋蓋布 1 片；花布裁剪裡袋蓋布 1 片。

*2* 　素布壓好雙針格紋，剪下表袋身 2 片；素布裁剪貼邊 2 片。

*3* 　裡布裁剪裡袋身 40×23.5cm2 片。

## *How to make*

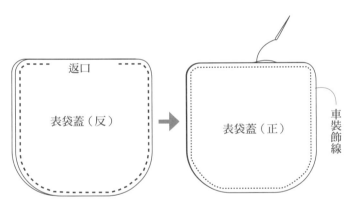

*1* 　表、裡袋蓋布正面相對留返口車一圈，翻回正面縫合返口，
　　壓一圈裝飾線備用。

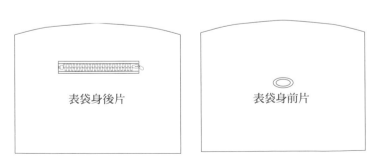

*2* 　表袋身後片開 18cm 一字拉鍊口袋，表袋身前片釘上轉鎖。

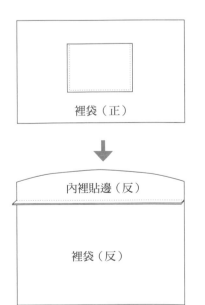

*3* 　裡袋身做好內裡口袋，車縫
　　內裡貼邊。

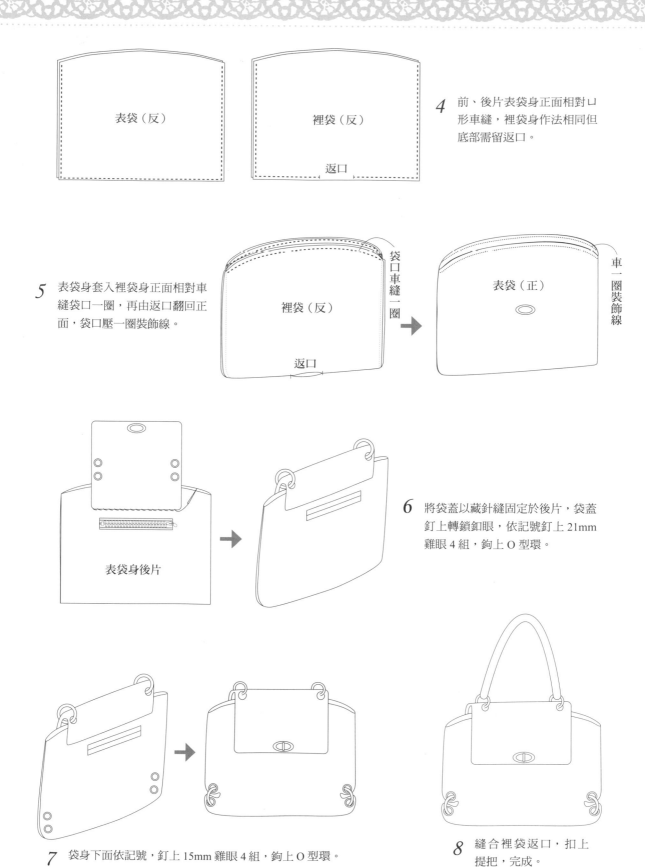

*4* 前、後片表袋身正面相對ㄩ
形車縫，裡袋身作法相同但
底部需留返口。

表袋（反）

裡袋（反）

返口

*5* 表袋身套入裡袋身正面相對車
縫袋口一圈，再由返口翻回正
面，袋口壓一圈裝飾線。

裡袋（反）

袋口車縫一圈

返口

表袋（正）

車一圈裝飾線

表袋身後片

*6* 將袋蓋以藏針縫固定於後片，袋蓋
釘上轉鎖釦眼，依記號釘上 21mm
雞眼 4 組，鉤上 O 型環。

*7* 袋身下面依記號，釘上 15mm 雞眼 4 組，鉤上 O 型環。

*8* 縫合裡袋返口，扣上
提把，完成。